Ressourcenreichtum und Ressourcenfluch. Boliviens Chancen und Risiken hinsichtlich der Lithiumreserven

Fluch oder Segen für Entwicklungsländer?

Johann Boemer

Bibliografische Information der Deutschen Nationalbibliothek:

Die Deutsche Nationalbibliothek verzeichnet diese Publikation in der Deutschen Nationalbibliografie; detaillierte bibliografische Daten sind im Internet über http://dnb.d-nb.de abrufbar.

ISBN: 9783346785923
Dieses Buch ist auch als E-Book erhältlich.

Georg-August-Universität Göttingen

Fakultät für Agrarwissenschaften

Seminar Umwelt- und Ressourcenökonomie B.Agr.0389

Sommersemester 2021

Ressourcenreichtum – Fluch oder Segen für Entwicklungsländer?

Boliviens Chancen und Risiken hinsichtlich der Lithiumreserven

Johann Boemer

Inhaltsverzeichnis

Abbildungsverzeichnis

1. Einleitung

Bolivien sitzt möglicherweise auf einem der größten Schätze unserer Zeit. Über 50 % der globalen Lithiumreserven werden unter dem bolivianischen Salzsee, Salar de Uyuni, der sich auf über 3600 Metern Höhe befindet, vermutet (Beutler 2011). Lithium, das nicht umsonst auch als „das weiße Gold" bezeichnet wird, ist gerade dabei, zum Rohstoff der Zukunft zu werden. Lithium kommt in vielen Bereichen zum Einsatz, doch durch seine hohe Energiedichte eignet es sich besonders gut für die Herstellung von Lithium-Ionen-Batterien und findet sich inzwischen in fast allen technischen Geräten wieder (Droppelmann 2016). Vor allem für die postfossile Mobilität spielt es eine bedeutende Rolle. Die Nachfrage nach dem begehrten Alkalimetall steigt immer weiter an und so wird prognostiziert, dass die Zahlen sich bis 2025 verdoppeln und bis 2030 sogar vervierfachen. Damit schnellt auch der Preis auf dem Weltmarkt in die Höhe. 2001 lag der Preis pro Tonne noch bei 1450 US-Dollar, 2009 schon bei 6000 US-Dollar und 2018 erreichte der Preis einen neuen Zwischenrekord von 17 000 US-Dollar pro Tonne (Beutler 2011).

Doch wie man in der Geschichte vieler der sogenannten Entwicklungsländer beobachten kann, geht Ressourcenreichtum nicht unbedingt immer mit einem langfristigen wirtschaftlichen und gesellschaftlichen Aufstieg einher. Ganz im Gegenteil, in vielen Ländern, wie auch in Boliviens Vergangenheit, hat sich der Ressourcenreichtum in unterschiedlichen Bereichen negativ ausgewirkt und als Fluch herausgestellt. Dabei standen in der Betrachtung bisher jedoch vor allem wirtschaftliche Folgen im Vordergrund und weniger die sozio-ökologischen.

Aktuell rangiert Bolivien im Human-Development-Index (HDI) im hinteren Mittelfeld und gehört zu den ärmsten Ländern Lateinamerikas (Will, Fischer 2014). Jedes vierte Kind in Bolivien leidet unter permanenter Unterernährung. Vor allem im Department Potosí auf dem Altiplano, in welchem sich auch die Lithiumreserven befinden, ist die Armut besonders groß (Ziegler 2008). Für Bolivien könnte der Reichtum an Lithium das Sprungbrett in eine verheißungsvolle Zukunft bedeuten. Gerade auch deswegen, weil die bolivianische Regierung ein erneutes Ausbluten zu verhindern versucht und sich der Chancen bewusst ist. Für die Bewohner des Altiplanos könnte sich die Lage jedoch auch weiter verschlimmern, denn der Abbau des Lithiums birgt auch sozio-ökologische Risiken und Konfliktpotenziale.

Gerade diese Chancen und Risiken werden im Folgenden nach einer kurzen Einführung in das Thema des Ressourcenfluchs diskutiert, um abschließend die Frage beantworten zu können, inwiefern der Lithiumabbau unter der Regie der bolivianischen Regierung die sozialen Konfliktpotenziale und die Umwelt um den Salar de Uyuni berücksichtigt.

2. Der Ressourcenfluch - ein Erklärungsansatz

Von ressourcenreichen Ländern wird erwartet, dass sich die Wirtschaft positiv entwickelt und die Bevölkerung von den Einnahmen profitieren kann. Häufig ist jedoch genau das Gegenteil der Fall und so resultiert aus dem Ressourcenreichtum nicht selten wirtschaftlicher Zerfall, steigende Armut, steigende Korruption und gewaltsame Konflikte (Kracht 2012). Dass Rohstoffreichtum jedoch nicht zwangsweise zu einem Fluch wird, beweisen Länder wie z.B. Norwegen, Botswana oder auch Chile. Diese Positivbeispiele zeigen jedoch, dass nicht grundsätzlich der Existenz von Rohstoffen Probleme angehaftet sind, sondern dass die Probleme Ursachen haben, die im menschlichen Umgang mit ihnen zu suchen sind. Die Politik mit ihren dazugehörigen Institutionen muss auf der einen Seite mit angemessenen Mitteln auf die ökonomischen Herausforderungen reagieren und andererseits darauf achten, nicht an sich selbst zu scheitern (Eichelkraut 2007). Die Gründe für den Ressourcenfluch sind vielfältig ineinander verstrickt und nicht alle oder auch nur teilweise auf die betroffenen Länder zutreffend. Die Frage wie sich ein ressourcenreiches Land entwickelt hängt maßgeblich davon ab, wie das System aufgebaut ist und wie die EntscheidungsträgerInnen damit umgehen. Es ist kein Geheimnis, wie der Rohstoffreichtum für Entwicklung genutzt werden kann, doch die eigentliche Frage ist, wieso dies so selten geschieht (von Haldenwang 2012).

2.1 Die Qualität der Institutionen

Die Institutionen stellen die Vermittler zwischen Staat und Gesellschaft den Richtungs- und Geschwindigkeitsgeber der volkswirtschaftlichen Entwicklung im Zusammenhang mit Ressourcenreichtum dar (Eichelkraut 2007). Ob es in einem Land zum Rohstofffluch oder zu einem Segen kommt, hängt maßgeblich von der Qualität der Institutionen und der Regierungsführung ab. Staaten, in denen der Ressourcenreichtum zum Segen wurde, verfügten erwiesenermaßen bereits vorher über qualitativ gute Institutionen. Auf der anderen Seite nimmt die Qualität der Institutionen im Verlauf eines Rohstoffbooms in Ländern immer weiter ab, deren Institutionen bereits vor der Entdeckung der Ressource schlecht waren (Collier 2017). Dabei werden Institutionen als „gut" definiert, wenn die Rechtsstaatlichkeit konsequent durchgesetzt wird und durch Gewaltenteilung gegenseitige Kontrolle gegeben ist (Acemoglu 2005). Die Rohstofferträge werden bei Staaten mit gutem institutionellem Aufbau frei von Partikularinteressen verteilt und zukunftsorientiert investiert. Wichtig ist zudem, dass der politische Entscheidungsprozess transparent ist, um ein Vertrauen der wirtschaftlichen Akteure zu generieren (Eichelkraut 2007). Von qualitativ „schlechten" Institutionen hingegen wird kein nachhaltiges Wachstum gefördert. Sie zeichnen sich durch eine ineffiziente Allokation der Rohstoffe aus und infolge von Patronage und Korruption den Einfluss von Sonderinteressen. So ist die Wahrscheinlichkeit für den sogenannten „Rent-Seeking-Effekt" in Ländern mit schlechter Regierungsführung und hoher Korruption deutlich erhöht. Mit dem „Rent-

Seeking" ist der Konflikt um Teilhabe an den Gewinnchancen der Ressource durch verschiedene Akteure und Akteursgruppen gemeint. Damit gehen jedoch bedeutende Wohlstands- und Wachstumsverluste einher, da der Fokus von wirtschaftlichen und politischen Akteuren kaum auf produktiven, gesellschaftsorientierten Investitionen, sondern vielmehr auf ökonomischen Privilegien liegt. Der Rent-Seeking-Effekt schadet damit nicht nur einer möglichen Entwicklung, sondern begünstigt weiterhin Korruption, Lobbyismus und Klientelismus, was sich verheerend auf ein Land auswirken kann (Schärer 2015). Dies kann im schlimmsten Fall die Rechtsstaatlichkeit untergraben und im Kampf um Macht sogar zu gewaltsamen Konflikten bis hin zu Bürgerkriegen führen (Collier 2017).

2.2 Die wirtschaftlichen Gefahren

Die größte wirtschaftliche Gefahr, vor der ein ressourcenreiches Land steht, ist die sogenannte Holländische Krankheit. Zwar steht die Theorie der Holländischen Krankheit in enger Verbindung mit den Einnahmen aus Erdöl, weshalb es in der Betrachtung immer einer Differenzierung bedarf. Allerdings kann die Holländische Krankheit oftmals auch auf Länder projiziert werden, die Gewinne aus mineralischen Rohstoffen verbuchen. Laut Collier (2017) verändert sich dabei der Markt durch die zunehmende Ausrichtung eines Landes auf den Rohstoffexport und dadurch erzielte hohe Erlöse in immensem Ausmaß. Durch einen boomenden Rohstoffsektor entstehen Außenhandelsüberschüsse, die eine Aufwertung der eigenen Währung zur Folge haben. Andere Exportgüter verlieren an Wettbewerbsfähigkeit auf dem internationalen Markt und so kann es zu einer Verdrängung von Sektoren mit hohem Wachstumspotenzial kommen (Collier 2017). Wenn der Desindustrialisierungsprozess in Gang kommt, dann behindert dies den wirtschaftlich-technologischen Fortschritt und auch das Wissen und die Erfahrung in diesem Bereich, weshalb die Folgen noch nach Abklingen des Booms zu spüren sind (Morales Anaya, Alarcón und Gonzales 2016). Des Weiteren steigt mit hohen Exporteinnahmen die inländische Nachfrage nach handelbaren und nicht-handelbaren Gütern. Die überschüssige Nachfrage nach handelbaren Gütern wird aus dem Ausland durch Importe befriedigt. Dabei wird die Wettbewerbsposition von inländischen Firmen gegenüber ausländischen geschwächt, da durch das Erstarken der eigenen Währung die Importpreise sinken. Durch die erhöhte Nachfrage nach nicht-handelbaren Gütern kann es gleichzeitig auch zu einer Verschiebung vom Sektor der handelbaren Güter zu dem der nicht-handelbaren kommen, was die Desindustrialisierung eines Landes weiter vorantreibt (siehe Abb. 1) (Schärer 2015).

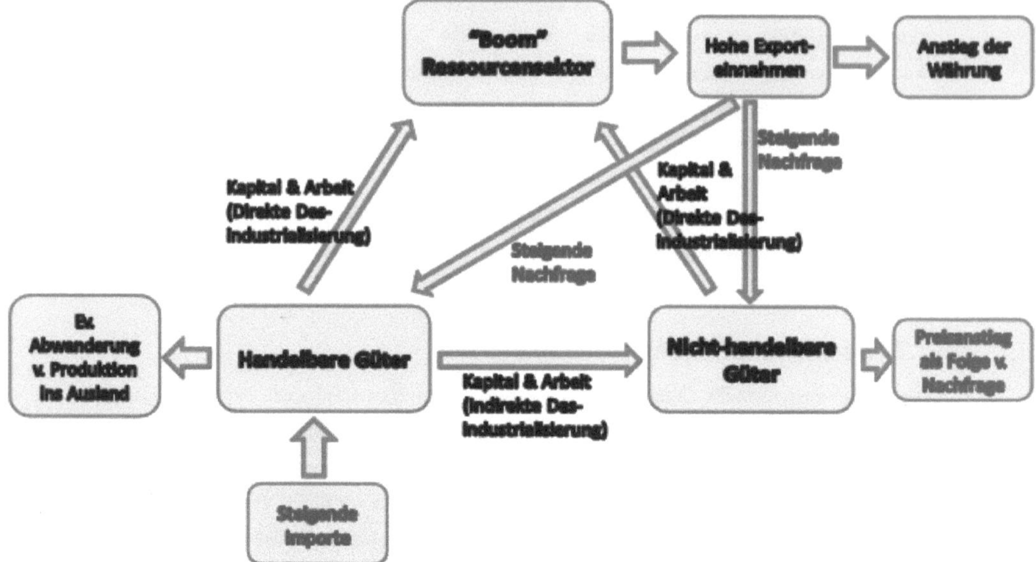

Abbildung 1: Holländische Krankheit

(Schärer 2015: 12)

Zudem sind Länder mit einer starken wirtschaftlichen Konzentration auf wenige Rohstoffe, anfällig für externe Schocks. Die betroffenen Staaten sind stark an die jeweiligen Rohstoffpreise auf dem Weltmarkt gebunden und damit auch ihr Wirtschaftswachstum. Mit den schwankenden Preisen lässt sich nur schwer wirtschaften. Externe Schocks, die mit einer Volumenerhöhung des geförderten Rohstoffes oder einer Preiserhöhung auf dem Weltmarkt einhergehen, können zur bereits erklärten Holländischen Krankheit führen. Auf der anderen Seite überschätzen Staaten bei steigenden Rohstoffpreisen den Etat und in einer nachfolgenden Abschwungphase müssen Investitionsprojekte abgebrochen werden, was einen enormen Unsicherheitsfaktor darstellt (de Mevius, Albarracin 2009). Auch wird der Schuldenaufbau interessanter, wenn die Zinsen durch Kapitalzufluss oder die Holländische Krankheit sinken. Bei geringer werdenden Rohstoffpreisen stehen die Länder dann vor einer großen Schuldenlast (Eichelkraut 2007).

3. Fallbeispiel Bolivien

3.1 Der bolivianische Fluch

Abbildung 2: Lage Boliviens

(Draper 2019: o.S.)

Bolivien liegt zentral in Südamerika (siehe Abb. 2) und ist nach Haiti das zweitärmste Land Lateinamerikas. 60 % der Bevölkerung leben unter der nationalen Armutsgrenze, obwohl es gleichzeitig einen Überfluss an fruchtbarem Boden, Artenvielfalt und vor allem an Bodenschätzen gibt. Der Reichtum ist jedoch so ungleich verteilt wie in kaum einem anderen Land. Weltweit befindet sich Bolivien bei der Ungleichverteilung auf dem siebten Platz (Droppelmann 2016). Auf Bolivien lastet der Rohstofffluch. Schon seit des 19. Jahrhunderts ist Bolivien von seinen Rohstoffexporten abhängig. Es fand nie ein großes Wirtschaftswachstum statt, welches aus einer nur sehr schmalen Produktpalette resultiert. Nur aus Erdöl und Erdgas, Bergbauerzeugnissen und Quinoa werden über 80% der Exporteinnahmen generiert, was Bolivien sehr anfällig für externe Schocks macht. Zudem wurden in Bolivien die Rohstoffe nicht wertsteigernd weiterverarbeitet und mussten zum Teil mit Verlust wieder eingekauft werden (Droppelmann 2016). Das ist jedoch nicht der einzige Grund, weshalb Bolivien trotz der Rohstoffe ein armes Land ist. Löbel (1995) führt die vergleichsweise hohen Produktionskosten im Abbau der Metalle an, welche die Gewinne verringern. Dabei spielen die Höhen- und Binnenlage, schlechte Infrastruktur, eine ungenügende Ausbildung der Bergleute, eine Überalterung von Minen, sowie eine Ausbeutung der Ressourcen ohne neue Erschließungen, eine große Rolle. Außerdem ist Bolivien seit jeher von schwachen Institutionen geprägt und Gelder sind im Korruptionssumpf versunken (Hampel und Schielke 2014).

3.2 Der Aufbruch

Viele Bolivianer setzten große Hoffnungen in den 2006 ins Amt gehenden, ersten indigenen Präsidenten, Evo Morales. Der sozialistisch orientierte Präsident versprach eine Abkehr vom neoliberalen Wirtschaftssystem und eine Zuwendung zu nationalen Interessen und sozialer Gerechtigkeit (Ströbele-Gregor 2012). Und tatsächlich ließ Morales seinen Worten Taten folgen. Schon drei Monate nach Amtsantritt verstaatlichte er die Erdöl- und Erdgasproduktion im Tiefland.

Dabei wurden private Förderunternehmen zwar nicht enteignet, jedoch gewann der Staat dadurch mit Hilfe des staatlichen Unternehmens YPBF wieder die Kontrolle über die Gewinne. (Radhuber 2013). Dadurch mussten die Unternehmen nun rund 80% der Einnahmen an den Fiskus abtreten und die Bekämpfung der Armut wurde in die Wege geleitet. Per Gesetz müssen die Einnahmen in Bildungs-, Gesundheits- und Infrastrukturprojekte eingesetzt werden. Auch in anderen Bereichen erlangte der Staat die Souveränität durch Aktienankäufe über die Wirtschaft zurück. Zum ersten Mal in der Geschichte erhielten rund ein Viertel der Bolivianer Gelder wie Schulgeld, eine Rente oder Muttergeld. Die extreme Armut konnte von 41% auf 32% reduziert werden (Ziegler 2008). 2009 konnte Bolivien ein Wirtschaftswachstum von 4% erreichen und Schulden wurden beinahe um die Hälfte reduziert. Damit sind die Schwierigkeiten, in denen sich Bolivien befindet, trotzdem nicht einfach weggewischt. Zwar wurde das Mindesteinkommen um 18,2 Prozent heraufgesetzt, was jedoch bei den Beschäftigten des informellen Sektors, die etwa 66% ausmachen, nicht ankommen wird. Auch mangelt es der MAS, der Partei Morales' an qualifizierten Kadern. (Ziegler 2008). Das Problem der Exportabhängigkeit von Rohstoffen ist damit ebenfalls nicht gelöst und Evo Morales möchte die Wirtschaft mit einem Investitionsplan in die Entwicklung eigener Industrien diversifizieren. Dabei sollen die großen Lithiumvorkommen im Salar de Uyuni, der größten Salzpfanne der Erde, eine bedeutende Rolle spielen. Doch das Thema Lithium ist in Bolivien ein sensibles und so kommt es trotz der relativ stabilen Politik immer wieder zu Aufständen und Straßenblockaden (Droppelmann 2016). Nur wenige Jahre später verkündete Morales seinen Rücktritt, nachdem er durch eine Verfassungsänderung seine vierte Amtszeit in die Wege leiten wollte. Bei der anschließenden Wahl kam es zu Unstimmigkeiten der Ergebnisse, woraufhin gewalttätige Proteste im ganzen Land ausbrachen (Ebmeyer 2019). Bei der Wahl rund ein Jahr später Ende 2020 übernahm der ehemalige Finanzminister unter Evo Morales, Luis Arce, das Präsidentenamt. Wie die zukünftige Politik unter Arce aussehen wird, steht noch in den Sternen, doch es deutet sich an, dass er den Weg Morales fortführen wird.

3.3 Das Lithiumprojekt in Bolivien

Bis heute konnte Bolivien keine nennenswerten Mengen des dem Staat gehörenden Lithiums im Salar de Uyuni fördern (Grieger 2019). Um Lithium zu gewinnen, wird Salzlauge mit Wasser und Soda gemischt und filtriert. Beim anschließenden Eindampfen in Verdampfungsbecken bleibt Lithiumkarbonat übrig. Der staatliche Konzern CAMBIOL soll dabei die Wertschöpfung des Alkalimetalls mithilfe des Dreistufenplans umsetzen: Das Lithium soll vom Staat abgebaut, industrialisiert und anschließend vermarktet werden. Die Zusammenarbeit mit anderen Staaten oder Unternehmen sind so lange erwünscht, wie sie sich der bolivianischen Kontrolle unterordnen. Bolivien nimmt im Jahr 2011 fünf Millionen US-Dollar in die Hand, um ein Pilotprojekt zu starten und die den Umweltverhältnissen am besten angepasste Technologie für den Abbau zu erforschen (Grieger 2019). Die Technologien aus den benachbarten ganzjährig trockenen Abbaugebieten

Argentiniens und Chiles können aufgrund der wechselnden Feuchtigkeitsperioden am Salar de Uyuni nicht einfach übernommen werden. Recht schnell zeichnet sich ab, dass die staatliche Bergbaugesellschaft auf ausländische Hilfe angewiesen sein würde, da es an geeigneter Technik und Wissen mangelt. Das deutsche Unternehmen ACISA kann sich gegen weitere internationale Bewerber durchsetzen und zusammen mit dem bolivianischen Staatsunternehmen Yacimientos de Litio Bolivianos wird ein Gemeinschaftsunternehmen gegründet. Dieses Gemeinschaftsunternehmen bekommt das Recht, 70 Jahre lang die Lithiumvorkommen abzubauen. Mit 51% Aktienanteil verbleibt dabei die Kontrolle über das Gemeinschaftsunternehmen beim Staat (Grieger 2019). Mit chinesischer Hilfe wurde zudem 2014 in Potosí eine Pilotfabrik zum Bau von Lithiumbatterien entwickelt, was einen Grundstein für den Traum Morales legte: eine bolivianische Produktion von Elektroautos (Droppelmann 2016). 2019 ist es dann tatsächlich soweit und Bolivien stellt ein erstes eigens entwickeltes Elektroauto vor. Der Weg für eine Auto- und Batterieindustrie ist jedoch noch lang, da es vor allem an Infrastruktur und Fachkräften mangelt. Skeptiker des gesamten Projekts sehen auch Schwierigkeiten im Umgang mit möglicher Umweltverschmutzung, sowie sozialen Konflikten in der Gegend des Salar de Uyuni. Auch, so die Kritiker, stellt der Lithiumabbau auf der einen Seite eine Diversifizierung der Wirtschaft dar, doch auf der anderen Seite könnte Bolivien erneut ins offene Messer laufen. Wenn nämlich die umliegenden Quinoabauern, die mit ihrem Exportgut ein gutes Viertel der bolivianischen Exporteinnahmen erwirtschaften, in die Lithiumindustrie abwandern sollten, könnte dies ein Problem in Hinsicht auf die Holländische Krankheit werden (Romero Valenzuela 2018).

3.4 Soziale Herausforderungen auf lokaler und nationaler Ebene

Sowohl in nationalen als auch in lokalen Informationskampagnen wird das Lithiumprojekt als eine Initiative angepriesen, die sowohl für die Bolivianer als Gesamtes aber auch für die Region Potosí im Speziellen ökonomische Vorteile mit sich bringt. Insbesondere in der ärmsten Region des Landes stößt dies auf große Resonanz. Der Anteil unbefriedigter Grundbedürfnisse ist im dünn besiedelten Hochland rund um den Salar sehr hoch (siehe Abb.3).

Location	Insufficient Water and Sanitation Services	Insufficient Energy Supplies	Insufficient Educational Services	Insufficient Health Services
Bolivia	43.6 %	27.3 %	42.9 %	25.3 %
Department of Potosí	60.9 %	49.3 %	57.6 %	31.1 %
Department of Oruro	52.4 %	29.5 %	36.1 %	27.8 %
Salar Municipalities (Province, Department)				
Colcha "K" (Nor Lípez, Potosí)	74.1 %	52 %	47.9 %	25.4 %
Uyuni (Antonio Quijarro, Potosí)	77.7 %	26.3 %	37.9 %	29.8 %
Llica (Daniel Campos, Potosí)	82.8 %	71.9 %	26.7 %	26.7 %
Tahua (Daniel Campos, Potosí)	94.5 %	54.8 %	31.1 %	31.9 %
Salinas de Garcí Mendoza (Ladislao Cabrera, Oruro)	91.4 %	67 %	47.6 %	36.8 %

Abbildung 3: Anteil der Bevölkerung mit ungenügendem Zugang zu Grundbedürfnissen (2012)

(Romero Valenzuela 2018: 154)

Nur rund 10% der Fläche sind landwirtschaftlich nutzbar, auf denen 80% der Bauern Quinoa anbauen. Ansonsten ist die Weidewirtschaft mit Lamas, Alpakas und Ziegen bedeutend (Ströbele-Gregor 2012). Des Weiteren sichern sich um den Salar de Uyuni einige Gemeinden Einnahmen durch den Salzabbau und den anschließenden Handel damit. Viele Menschen leben auch vom Tourismus, da der Salar de Uyuni eine der Hauptattraktionen in Bolivien darstellt (Draper 2019) Wie man sieht, ist die Ökonomie der Region sehr divers. Die lokale Bevölkerung wünscht sich einen Wandel und hofft auf eine boomende Lithiumindustrie am Salar de Uyuni, welche die Probleme der Armut, Bildung und der Gesundheit löst. Man erhofft sich dabei außerdem neben einer Gewinnbeteiligung vor allem auch Arbeit und eine breitere Infrastruktur der Region (siehe Abb. 4) (Ströbele-Gregor 2012).

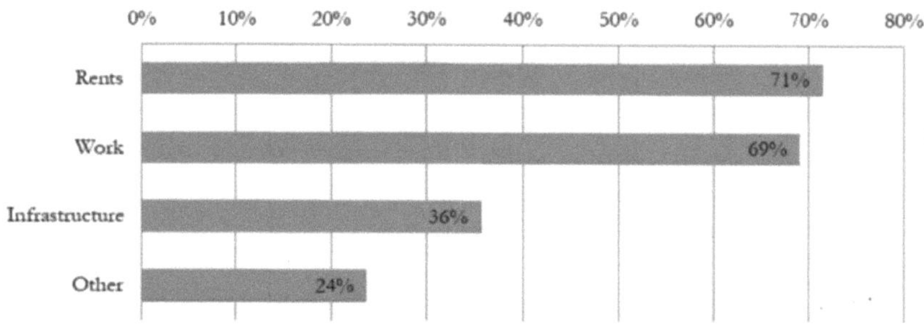

Abbildung 4: Die erhofften Vorteile durch die Lithiumindustrie in den lokalen Gemeinden

(Romero Valenzuela 2018: 226)

Bei genauerer Betrachtung gibt es jedoch auch verschiedene Konfliktfelder, die in den Vordergrund treten könnten. Zum einen geht es dabei um die Verteilung der potenziellen Einnahmen. Diverse Interessensgruppen des Departements Potosí fordern eine erhebliche Teilnahme an den Gewinnen des Lithiumabbaus. Der Konflikt spielt sich zwischen den Verantwortlichen der Region Potosí und der Zentralregierung in La Paz ab. Die Potosínos fordern eine Revision der Verteilungsquote und möchten Neuverhandlungen (Ströbele-Gregor 2012). Bisher stehen der Region Potosí nur rund drei Prozent der Einnahmen zu (Grieger 2019) Nach Protestaktionen im Jahre 2010 wurden Verhandlungsgespräche hierzu aufgenommen, wo den Potosínos Zugeständnisse für eine Infrastruktur- und Wirtschaftsförderung gegeben wurde. Zu einer Einigung über eine Verteilungsquote wurde nicht entschieden, da die Forderungen allerdings auch weit auseinanderliegen. Die Akteure in Potosí erwarten sich eine Gewinnbeteiligung von 40 Prozent bis 100 Prozent (Ströbele-Gregor 2012). Crecensio Ali (eine indigene Autorität im Ort Colcha „K") beklagt, dass die Erwartungen der lokalen Bevölkerung zu hoch ausfallen, wenn man betrachtet, inwiefern die Region laut aktuellem Stand von den Einnahmen profitieren wird (Romero Valenzuela 2018). Eine Enttäuschung über die tatsächlich gering ausfallende Gewinnbeteiligung könnte sich in gewaltsamen Protesten äußern. Zwischen den Gemeinden um den Salar de Uyuni sind in der Vergangenheit bereits Konflikte um das Tourismusgeschäft entfacht, wobei sich bestimmte Gemeinden trotz ihrer Nähe zum Salar als nicht am Geschäft beteiligt empfanden. Die Stadt Uyuni, welche nicht unmittelbar am Salzsee liegt ist dennoch die Gemeinde, die vom Tourismus am meisten profitiert. Erste Konflikte um die Gewinnbeteiligung der Gemeinden um den Salar sind bereits entfacht. Dabei möchten die jeweiligen Gemeinden die Produktionsanlagen möglichst auf dem eigenen Gebiet haben, da bisher vorgesehen ist, dass diese Gemeinden besonders profitieren werden. Solche Konflikte um die Beteiligung am Gewinn (Rent-Seeking) gilt es von den Verantwortlichen im Sinne des Friedens tunlichst zu vermeiden. (Romero Valenzuela 2018)

Doch auch auf nationaler Ebene könnten Konflikte entstehen. Insbesondere zwischen dem durch Erdgas- und Erdöl, sowie durch exportorientierte Landwirtschaft geprägten Tiefland und dem Hochland. Das etwas wohlständigere Tiefland könnte sich durch eine Fokussierung auf das Lithium des Hochlandes im Westen des Landes benachteiligt fühlen, was den ohnehin bereits existierenden ethnischen Konflikt weiter verstärken könnte (Will, Fischer 2014).

Die bolivianische Regierung muss gerade an dieser Stelle darauf achten, die gesamte Bevölkerung mitzunehmen und im Optimalfall jeden an den Gewinnen zu beteiligen. Damit dies gelingen kann, muss die Bevölkerung zeitnah aufgeklärt werden und eine faire Allokation der Gewinne zugesichert werden. Ansonsten könnte sich die Lage in der Provinz Potosí, aber auch die Situation im gesamten Bolivien weiter zuspitzen und zu stagnierender Entwicklung und sozialen Konflikten führen, was sich in einem Fluch des Lithiums äußert.

3.5 Ökologische Herausforderungen

Der Salar de Uyuni ist ein weitgehend unberührtes Ökosystem, das viele seltene Arten beherbergt und von Conservation International zu einem von 34 Biodiversitätshotspots weltweit gezählt wird. Zudem ist der Salar de Uyuni mit seinen 10.500 Quadratkilometern Fläche UNESCO Weltnaturerbe. Zu den Herausforderungen, die mit dem Lithiumabbau in der Salarregion einhergehen, sind auf der einen Seite die Folgen des Wasserhaushalts durch die Wassernutzung, die mit dem Lithiumabbau verbunden ist. Auf der anderen Seite ist es die Verschmutzung, welche die fragile Umwelt bedroht. (Romero Valenzuela 2018)

Mit dem von Evo Morales zum Verfassungsprinzip erhobenen Konzept des „vivir bien“, wird der Schutz der Natur über das industrielle Wachstum gestellt (Grieger 2019). Im Jahr 2010 wurde hierzu das Gesetz 071 „Ley de los derechos de la madre tierra“ (Das Gesetz der Rechte von Mutter Erde) auf den Weg gebracht, worin die Erde als Rechtssubjekt definiert wird und eine große Chance für den Umweltschutz darstellt. Die große Frage, die sich dabei stellt, ist, ob der Naturschutz auch bei den geplanten Lithiumprojekten bedacht wird und tatsächlich über dem industriellen Wachstum steht und Bolivien in der Vergangenheit auch nicht gerade durch ausreichend funktionierende Kontrollmechanismen glänzen konnte (Ströbele-Gregor 2012)

Die Region um den Salar de Uyuni ist von Trocken- und Regenzeiten geprägt, wobei in jüngster Vergangenheit in Verbindung mit dem Klimawandel zu verkürzten oder gar vollständig ausgefallenen Regenzeiten kam (Will, Fischer 2014). Bei der ohnehin schon knappen Wassersituation in der Region Potosí könnte die industrielle Wassernutzung schwere Folgen für die Quinoa-Bauern, sowie für Lama- und Alpakazüchter haben. Neben den subterranen Wasserquellen, welche je nach Boden entweder Süß- oder Salzwasser speichern, spielen zur Trockenzeit austrocknende Süßwasserquellen eine Rolle. In der Region gibt es zwei Flüsse, den Rio Grande und den Rio Quetana, die für das Ökosystem und dessen Befeuchtung essenziell sind. Diese beiden Flüsse sind jedoch salzhaltig und spielen im Gegensatz zu den süßwasserhaltigen Wasserläufen aus der chilenischen Grenzregion für die Menschen direkt keine Rolle (Draper 2019). Bei den vorhandenen Grundwasserreserven spricht man auch von sogenannten fossilen Wasserspeichern, da sie sich über Jahrtausende geformt haben und durch die Niederschläge in der Regenzeit kaum befüllt werden. Sie stellen somit eine nicht-erneuerbare Ressource dar. Es ist zwar noch nicht ganz geklärt, wie viel Wasser der Lithiumabbau in Bolivien verbrauchen würde, doch Schätzungen gehen von zwei Millionen Litern Wasser pro Tonne Lithiumsalz aus (Deutscher Bundestag 2019). Auch wenn die bolivianische Regierung behauptet, 90% des für den Abbau genutzten Wassers Salzwasser darstellt, zweifeln Experten daran, dass die süßen Grundwasserreserven davon unberührt, denn oberhalb der Sole, befindet sich aufgrund geringerer Dichte Süßwasser. Wenn durch den Abbau große Mengen an Sole genutzt werden, sinkt damit auch der Süßwasserspiegel. bleiben (Draper 2019). Gleichzeitig warnt auch der Kleinbauerndachverband vor dem übermäßigen Wasserverbrauch des Bergbaus. Er betont, dass man nur in die Nachbarländer Argentinien und Chile schauen müsse, um zu sehen, was der Lithiumabbau mit der Natur anstellt. (Ströbele-Gregor 2012) Demzufolge ist der Grundwasserspiegel im betroffenen chilenischen Gebiet drastisch abgesunken, was zu einer Austrocknung der hochandinen Seen geführt hat. Dies wiederum hat gravierende Auswirkungen auf die heimische Flora und Fauna was sich durch Abwandern und Verschwinden verschiedener Kameliden sowie der vom Aussterben bedrohten Andenflamingos äußert (Schmidt 2020).

Die potenzielle Verschmutzung des Salars kann von drei Unterschiedlichen Quellen kommen: dem Abbau selbst, den Arbeitern und deren Hinterlassenschaften, sowie von den schweren Transportmaschinen. Beide Letzteren können durch eine adäquate Abfallentsorgung, sowie Verschmutzungslimits gelöst werden. Eine größere Debatte löst die Verschmutzung durch den

Abbau des Lithiums selbst aus. Nach dem Verdunsten des Wassers der Sole in den Verdunstungsbecken bleibt, sofern keine toxischen Mittel hinzugefügt werden, vor allem eine Salzlösung übrig, aus dem das Lithium gewonnen wird. Das Problem ist jedoch der hohe Magnesiumanteil im übrigen Wasser, das dem See wieder zugeführt wird. Damit könnte sich die Zusammensetzung der Sole für die Natur nachhaltig verändern, dessen Folgen jedoch noch nicht vollständig geklärt sind (Romero Valenzuela 2018). Des Weiteren fallen beim Lithiumabbau Nebenprodukte wie Bor, Kalium oder Natrium an, über deren Entsorgung noch Unklarheit herrscht. Es wird jedoch daran geforscht, inwiefern man diese Stoffe als Düngemittel weiterverarbeiten kann.

Zusammengefasst, wird das Lithiumprojekt am Salar de Uyuni mit sehr hoher Wahrscheinlichkeit eine Auswirkung auf den Wasserhaushalt und die Sauberkeit des Ökosystems in noch ungeklärtem Ausmaß haben. Diese Aspekte bedürfen einer gründlichen Prüfung und Bewertung durch wissenschaftliche Studien. Zudem muss für das ambitionierte Lithiumprojekt ein Umweltmanagementplan entworfen werden, damit es nicht zu einem Umweltfluch kommt, da die Region auch sehr vom Tourismus geprägt ist, der durch Verschmutzung jeglicher Art schwächer werden könnte.

4. Chancen und Risiken

Für eine positive wirtschaftliche Entwicklung stellen die Lithiumreserven für Bolivien eine gewaltige Chance dar. Die bolivianische Regierung scheint aktuell mit den Lithiumvorkommen einen Weg in eine nachhaltige Entwicklung einzuschlagen, mit dem großen Ziel, zum Global Player zu werden. Man möchte sich aus der der Geschichte des billigen Rohstofflieferanten lösen, welche zu dem Ungleichgewicht auf sowohl internationaler als auch nationaler Ebene geführt hat. Im Gegensatz zu anderen „Entwicklungsländern" und der eigenen Vergangenheit, möchte man die Rohstoffe nicht einfach unverarbeitet exportieren, sondern die nötige Zeit und das nötige Geld nutzen, um den Rohstoff selbst weiterzuverarbeiten und wertzuschöpfen. Damit widersetzt sich Bolivien dem vermeintlich schnellen Geld und widmet sich im gleichen Zug der Forschung und dem Know-how, um im besten Falle eine eigene Industrie in Gang zu setzen und sich vom Ausland unabhängiger zu machen (Will, Fischer 2014). Das Lithium könnte hierbei der Rohstoff der Stunde sein, denn der weltweite Bedarf an Lithium steigt im Zuge der explodierenden Elektromobilität rapide an. Im Falle einer international konkurrenzfähigen bolivianischen Lithium-Ionen-Batterie-Industrie oder gar einer eigenen Autoindustrie würde man die Wirtschaft diversifizieren. Zunächst ginge es jedoch darum, das bolivianische Lithium gewinnbringend auf den Weltmarkt zu bringen. Solange der Weltmarktpreis des Lithiums dessen von Öl und Gas entkoppelt bliebe, könnte man mit einer solchen

Diversifizierung außerdem die Anfälligkeit für externe Schocks deutlich reduzieren. Wie man an dem kurzzeitig sinkenden BIP im Jahre 2015 erkennen kann, ist Bolivien bisher sehr abhängig vom Energiesektor und den Weltmarktpreisen desselben. Gleichzeitig müsste jedoch darauf geachtet werden, dass gerade durch die Entstehung einer Lithiumindustrie, die bereits recht diverse Subsistenzwirtschaft des andinen Hochlandes nicht aufgelöst wird.

Durch eine boomende Lithium-Industrie kann sich die bolivianische Bevölkerung durchaus eine deutliche Verbesserung der Lebensumstände erhoffen, denn das „weiße Gold" soll nicht nur in Geld getauscht werden, sondern es ist ein tiefgreifender sozialer Wandel in Form von Modernisierung geplant (Vogel 2016). Erste kleine Erfolge konnten nach der Verstaatlichung des Gas- und Ölsektors und der deutlich gestiegenen Staatseinnahmen, wie bereits geschildert, erzielt werden. Eines der Wahlversprechen des ehemaligen Präsidenten Evo Morales war eine gerechte Allokation der Gewinne. Ohne diesen Punkt kann der Rohstoffreichtum nicht zu einem Segen für Bolivien werden. Für eine gerechte Verteilung muss der Staat den Spagat zwischen kurzfristigen und langfristigen, direkten und indirekten Investitionen beherrschen. Einerseits muss die Bevölkerung unmittelbar vom Boom profitieren und auf der anderen Seite muss der Boom genutzt werden, um ein insgesamt starkes, global konkurrenzfähiges Bolivien aufzubauen, damit auch nachfolgende Generationen davon zehren können. Diesbezüglich muss in Infrastruktur, Bildung und Wissenschaft investiert werden (Droppelmann 2016). Norwegen, das im HDI aktuell den ersten Platz belegt, ist dafür ein perfektes Beispiel, auch wenn man bedenken muss, dass Norwegen vor dem Boom eine andere Ausgangsposition als Bolivien hatte und die Ressource nicht Lithium, sondern Erdöl und Erdgas heißt. In Norwegen stellen die Exporte der genannten Ressourcen mit 60 % den größten Teil des Exportvolumens dar. Damit wäre Norwegen sehr anfällig für externe Schocks, doch man konnte den Ressourcenfluch umgehen, indem man einen Ölfond einrichtete, der in Fremdwährung gehalten wird. In diesen Fond werden überschüssige Einnahmen gezahlt, womit man einerseits sicherstellt, dass bei einem Preissturz auf dem Weltmarkt noch genügend Reserven vorhanden sind und andererseits eine Aufwertung der Norwegischen Krone verhindert wird (Toto Same 2009). Wenn Bolivien hohe Einnahmen und Überschüsse mit dem Lithium erzielen sollte, wäre die Einrichtung eines Fonds nach norwegischem Vorbild sicherlich eine nennenswerte Möglichkeit, um einen Fluch zu umgehen und gleichzeitig eine nachhaltige Allokation zu gewährleisten. Bei der Verteilung der Rohstoffe muss Transparenz und Fairness die größte Rolle spielen. Die lokale Bevölkerung muss hierzu ehrlich über die Entwicklungschancen informiert werden und gleichzeitig müssen die Renten so verteilt werden, dass keine neuen Konflikte entstehen und alte Wunden ebenfalls nicht wieder aufgerissen werden.

Ein weiterer Aspekt, der in der lokalen Betrachtung von Seiten der Regierung kaum offen angesprochen wird, ist die Umweltverschmutzung und das angesprochene Wasserproblem. Die lokale Bevölkerung, die um und vom Salar de Uyuni vom Tourismus und der Landwirtschaft leben, müssen in den Prozess der Aufklärung einbezogen werden. Ihnen muss die Chance gegeben werden, sich für das bereits genannte Umweltgesetz 071 „Ley de los derechos de la madre tierra" stark zu machen und ihre, bzw. die Rechte von Mutter Erde diesbezüglich einzufordern. Ansonsten besteht die große Gefahr, dass Kleinbauern in Städte abwandern und dort als Taglöhner den informellen Sektor vergrößern. Keinesfalls darf ein möglicher Lithiumboom auf dem Rücken der lokalen Bevölkerung ausgetragen werden.

5. Fazit

Das Lithium bietet großartige Möglichkeiten für die Zukunft Boliviens. Ein wichtiges Instrument dabei könnte die von der Regierung vorgesehene Strategie einer eigenen Industrie und gleichzeitiger Gleichverteilung der Erträge sein. Dazu bedarf es jedoch einem guten Geschick in Verhandlungen und einem feinen Gespür der Regierung für lokale Prozesse und Strukturen. Der aktuelle Weg, den Bolivien geht, scheint grundsätzlich in eine richtige Richtung zu gehen. Bei genauerer Betrachtung mangelt es jedoch noch an essenziellen Details und konkreten Umsetzungsstrategien. Von Seiten der politischen Akteure muss Transparenz, Gerechtigkeit und Ehrlichkeit an oberster Stelle stehen, um einen zweiten Raubbau an Mensch und Natur zu verhindern. Es müssen zusammen mit der Bevölkerung Problemfelder angesprochen werden. Lösungsansätze für potenzielle Gefahren, die sich auf politischer, ökonomischer, sozialer, sowie ökologischer Ebene abspielen können, müssen bereits vorhanden sein, bevor das Problem entsteht. Einen zweiten Ressourcenfluch würde die Bevölkerung der westlichen Provinzen nicht friedlich überstehen können. Die bolivianische Regierung muss gerade an dieser Stelle darauf achten, die gesamte Bevölkerung mitzunehmen und im Optimalfall jeden an den Gewinnen zu beteiligen. Damit dies gelingen kann, muss zeitnah aufgeklärt und eine faire Allokation der Gewinne zugesichert werden. Ansonsten könnte sich die Lage in der Provinz Potosí, aber auch die Situation im gesamten Bolivien weiter zuspitzen und zu stagnierender Entwicklung und sozialen Konflikten führen, was sich in einem Fluch des Lithiums äußert. Zudem wird das Lithiumprojekt am Salar de Uyuni mit sehr hoher Wahrscheinlichkeit eine Auswirkung auf den Wasserhaushalt und die Sauberkeit des Ökosystems in noch ungeklärtem Ausmaß haben. Diese Aspekte bedürfen einer gründlichen Prüfung und Bewertung durch wissenschaftliche Studien. Zudem muss für das ambitionierte Lithiumprojekt ein Umweltmanagementplan entworfen werden, damit es nicht zu einem Umweltfluch kommt, da die Region auch sehr vom Tourismus geprägt ist, der durch Verschmutzung jeglicher Art schwächer werden könnte. Wenn man sich die ökologischen und sozialen Umstände um den Salar de Uyuni beobachtet, scheint es kaum möglich, dass das Lithiumprojekt nur in unerheblichem Ausmaß Schaden an Mensch und Umwelt nimmt. Grundsätzlich wäre dies jedoch möglich.

Abschließend kann man sagen, dass so lange eine gerechte Allokation der Gewinne nicht gesetzlich festgelegt ist, bevor Gebietsstreitigkeiten am Salar nicht beigelegt sind und bevor kein Umweltkonzept steht, der bolivianische Traum von Wohlstand und Stabilität nicht mehr als eine Utopie darstellt.

Literaturverzeichnis

Acemoglu D. (2005): Politics and economics in weak and strong states. NBER Working Paper Series 11275. Cambridge

Beutler B. (2011): Das weiße Gold der Zukunft, Bolivien und das Lithium. Berlin

Collier P. (2017): Die unterste Milliarde. Warum die ärmsten Länder scheitern und was man dagegen tun kann. München

Deutscher Bundestag (2019): Lithium. Vorkommen, Abbau und ökologische Auswirkungen in Bolivien. Wissenschaftliche Dienste Sachstand WD 8 – 3000 – 135/18. Berlin

Draper R. (2019): This metal is powering today's technology - at what price?. As demand soars for powerful batteries, Bolivia dreams of striking it rich by tapping its huge lithium deposit. But will its people benefit?. https://www.nationalgeographic.com/magazine/article/lithium-is-fueling-technology-today-at-what-cost (abgerufen am: 31.05.2021)

Droppelmann M. (2016): Lithium in Bolivien – Fluch oder Segen?. Ein Essay über den Ressourcenreichtum in Entwicklungsländern am Beispiel Bolivien. Kempten

Ebmeyer M. (2019): Es ist kein Putsch. https://www.zeit.de/politik/ausland/2019-11/evo-morales-ruecktritt-bolivien-protest-chapare-demokratie (abgerufen am: 31.05.2021)

Eichelkraut S. (2007): Rohstoffmacht Russland. Bodenschätze als Basis wirtschaftlicher Entwicklung und für einen starken Staat?. Marburg

Grieger F. (2019): Weißes Gold. Rohstoffe schaffen Ungleichheiten – und ihr Abbau setzt oft koloniale Verhältnisse fort. Bolivien will beim Lithiumabbau mit einer deutschen Firma einen neuen Weg einschlagen. Über den Versuch einer gerechteren Zusammenarbeit. Fluter 71. Bonn

von Haldenwang C. (2012): Die aktuelle Kolumne. Gibt es den „Ressourcenfluch" nicht mehr?. Bonn

Hampel S., Schielke D. (2014): Von den Inkas bis ins 21. Jahrhundert – Welchen Einfluss hat der Bergbau am Cerro Rico auf Potosí?. –in: Suwala L., Kulke E. (Hrsg.): Bolivien – Bericht zur Hauptexkursion 2014. Arbeitsberichte Geographisches Institut Humboldt-Universität zu Berlin 184. Berlin. S. 173-188

Kracht P. (2012): Lithium-Förderung in Bolivien vor dem Hintergrund der Eigenschaften natürlicher Ressourcen. Freiburg

Löbel E. (1995): Informelle Aspekte des bolivianischen Bergbausektors: Funktionsweise, Bedeutung und Entwicklungsbeitrag von Kleinbergbauaktivitäten im Andenhochland Boliviens. Baden-Baden

de Mevius F.-X., Albarracin I. (2009): Bolivia and the Dutch Disease: What are the risks and how to avoid them?. Revista Lationamericana de Desarollo Económico 11. La Paz

Morales Anaya R., Alarcón S., Gonzales R. (2016): Dutch disease and the labor market in Bolivia. La Paz

Radhuber I. (2013): Der plurinationale Staat in Bolivien. Die Rolle der Ressourcen- und Budgetpolitik. Münster

Romero Valenzuela J. (2018): Green Cars = Green Conflicts?. Governance, Grievances and Conflict Dimensions of the Bolivian State Lithium Program. Erfurt

Schärer K. (2016): Ressourcenreichtum als Fluch oder Segen. Umgang mit Rohstoffen und Folgen des Ressourcenreichtums in Botswana und Kongo. Wiesbaden

Schmidt N. (2020): Genesis and distribution of lithium enriched pore brines at the Salar de Uyuni, Bolivia. Freiberg Online Geoscience 57. Freiberg

Ströbele-Gregor J. (2012): Lithium in Bolivien: Das Staatliche Lithium-Programm, Szenarien, sozio-ökologischer Konflikte und Dimensionen sozialer Ungleichheit. Working Paper Series 13. Berlin

Toto Same A. (2009): Transforming Natural Resource Wealth into Sustained Growth and Poverty Reduction. A Conceptual Framework for Sub-Saharan African Oil Exporting Countries. Policy Research Paper 4852. Washington D.C.

Vogel K. (2016): Ein Stoff macht Zukunft. Zum sozialen Leben von Lithium am Salar de Uyuni, Bolivien. -in: Exner A., Held M., Kümmerer K. (Hrsg.): Kritische Metalle in der Großen Transformation. Heidelberg

Will L., Fischer, C. (2014): Welche Chancen und Risiken bietet der Salar de Uyuni für die wirtschaftliche Entwicklung Boliviens?. –in: Suwala L., Kulke E. (Hrsg.): Bolivien – Bericht zur Hauptexkursion 2014. Arbeitsberichte Geographisches Institut Humboldt-Universität zu Berlin 184. Berlin. S. 189-203

Ziegler J. (2008): Der Hass auf den Westen. Wie sich die armen Völker gegen den wirtschaftlichen Weltkrieg wehren. München

BEI GRIN MACHT SICH IHR WISSEN BEZAHLT

- Wir veröffentlichen Ihre Hausarbeit,
  Bachelor- und Masterarbeit

- Ihr eigenes eBook und Buch -
  weltweit in allen wichtigen Shops

- Verdienen Sie an jedem Verkauf

Jetzt bei www.GRIN.com hochladen und kostenlos publizieren